Kamlesh Prasad
Udita Singh

Cinética de hidratação da grama verde, germinação e impacto na farinha de malte

Kamlesh Prasad
Udita Singh

Cinética de hidratação da grama verde, germinação e impacto na farinha de malte

ScienciaScripts

Cover image: www.ingimage.com

This book is a translation from the original published under ISBN 978-3-639-66229-0.

Publisher:
Sciencia Scripts
is a trademark of
Dodo Books Indian Ocean Ltd. and OmniScriptum S.R.L publishing group

120 High Road, East Finchley, London, N2 9ED, United Kingdom
Str. Armeneasca 28/1, office 1, Chisinau MD-2012, Republic of Moldova, Europe
Managing Directors: Ieva Konstantinova, Victoria Ursu
info@omniscriptum.com

Printed at: see last page
ISBN: 978-620-8-64222-8

Índice

CAPÍTULO 1
INTRODUÇÃO

As leguminosas pertencem à família Fabaceae e são designadas por leguminosas quando são utilizadas como grãos alimentares secos. As leguminosas são consumidas de várias formas e são cruciais para a dieta humana devido ao seu elevado teor de proteínas, que é uma necessidade humana básica. Nos países em desenvolvimento, as leguminosas são consideradas como carne verde para as pessoas pobres devido à sua relação custo-eficácia. As leguminosas contêm uma variedade de compostos, alguns dos quais são prejudiciais para a nutrição humana, uma vez que inibem a digestão das proteínas. A germinação, ou seja, a reativação do metabolismo das sementes, que geralmente ocorre após a fase de dormência, é muito eficaz na eliminação destes factores limitantes. Estudos demonstraram que os compostos bioactivos das leguminosas são muito eficazes contra doenças degenerativas, o que despertou o interesse dos investigadores em desenvolver alimentos funcionais a partir delas. A germinação é o processo metabólico que ajuda a minimizar as limitações da utilização das leguminosas, uma vez que estimula a atividade enzimática que actua sobre os compostos complexos para os decompor em monómeros mais simples, aumentando assim os nutrientes bioactivos das leguminosas e tornando-as mais ricas. O tempo, a temperatura, o teor de humidade das sementes e a exposição à luz são algumas das variáveis que influenciam a germinação. A demolha e a germinação não só eliminaram os componentes anti-nutrientes, como também aumentaram o valor nutricional global.

O feijão-mungo, que pertence à família das leguminosas, é uma fonte exclusiva de proteínas com inúmeros benefícios para a saúde, contendo também um elevado teor de minerais e hidratos de carbono. A elevada qualidade das proteínas do feijão mungo ultrapassa a das leguminosas como o feijão bóer, o grão-de-bico, o grão-de-bico preto e as ervilhas. O feijão mungo pode ser consumido de várias formas, por exemplo, como massa, rebentos de feijão e outros alimentos de desmame. O feijão mungo é altamente nutritivo e contém 1,0 - 1,5 % de óleo, 3,5 - 4,5 % de fibras, 4,5 - 5,5 % de cinzas e 62 - 65 % de hidratos de carbono. A sua boa digestibilidade proteica (20 - 28 %) torna-o uma importante fonte de proteínas numa dieta equilibrada para a grande população dos países asiáticos (Somta *et al.,* 2007). Pensa-se que o feijão-mungo tem o potencial de prevenir a melanogénese e o cancro e de ter efeitos imunomoduladores e hepatoprotectores (Hou *et al.,* 2019). O feijão-mungo é benéfico para as pessoas que sofrem de diabetes e obesidade, uma vez que fornece menos energia do que os cereais (Ganesan *et al.,* 2018). O feijão mungo é uma fonte importante de proteínas e aminoácidos, especialmente lisina, e pode, por conseguinte, complementar a dieta humana juntamente com cereais e fornecer uma refeição completa. Contém menos gordura saturada e sódio e ainda menos colesterol. É também uma boa fonte de vitamina B6, tiamina, ácido pantoténico, magnésio, fósforo, ferro e potássio e uma fonte muito boa de fibras, riboflavina, vitamina C, vitamina K, cobre, folato e manganês (Abbas *et al.,* 2007). A germinação leva a uma melhoria do valor nutricional do feijão-mungo, razão pela qual se supõe que o feijão-mungo pode contribuir para a superação de doenças degenerativas.

As propriedades físicas e os componentes químicos do mung são requisitos básicos para a sua utilização para diversos fins. A conceção do equipamento de processamento, das estruturas e dos sistemas de controlo baseia-se nas caraterísticas técnicas do grão a ser processado. A composição química é necessária para a utilização em vários alimentos. A demolha dos grãos é um passo preparatório e muito importante para todas as outras operações de transformação em verde, incluindo a germinação, a fermentação, a maltagem, etc. A demolha preenche um requisito básico mas muito importante, nomeadamente a necessidade de reduzir o tempo de cozedura. Vários estudos demonstraram que o tempo e a temperatura influenciam fortemente o processo de demolha. Estas cinéticas de hidratação, que dependem do tempo e da temperatura, são de grande importância, uma vez que têm um grande impacto no pós-processamento. A maltagem é um processo que compreende três etapas principais: A maceração, a germinação e a secagem (Ribani *et al.*, 2017). Em contraste com a sua forma nativa, a farinha de feijão mungo maltada tem inúmeras aplicações, uma vez que é uma boa fonte de enzimas hidrolíticas e tem boas propriedades funcionais e elevado valor nutricional. Estudos demonstraram que os grãos maltados e os grãos nativos têm propriedades diferentes, pelo que o conhecimento dos grãos de feijão mungo maltados é necessário para o desenvolvimento de equipamento para manuseamento, armazenamento e processamento. As alterações no valor nutricional e nos ingredientes não são uniformes ou específicas após a germinação, uma vez que se trata de um processo influenciado por factores como a temperatura, o teor de humidade das sementes, a exposição à luz e vários outros. Por conseguinte, para minimizar a confusão, são sempre realizados vários estudos para otimizar as gamas de acordo com as alterações e condições do processo, de modo a que as aplicações possam ser feitas facilmente. Devido à baixa quantidade de alguns compostos funcionais no feijão mungo cru, não foi possível obter quaisquer benefícios funcionais do mesmo (Cho *et al.*, 2009). A germinação leva a uma melhoria das propriedades funcionais gerais do feijão mungo. A germinação leva a uma melhoria da capacidade antioxidante e do teor fenólico da soja e do feijão mungo (Cevallos *et al.*, 2010). A germinação leva a uma melhoria das propriedades medicinais e nutricionais do feijão mungo, razão pela qual se presume que o feijão mungo pode contribuir para a superação de doenças degenerativas. O uso consistente de feijão mungo na dieta tem grandes benefícios, pois é capaz de fortalecer a flora de enterobactérias, reduzir o risco de doenças coronárias e prevenir o cancro (Tang *et. al.*, 2012). Assim, o objetivo geral deste trabalho é investigar a eficácia da demolha e da germinação do feijão mungo (*Vigna radiata*). Tendo em conta todas estas considerações, os principais objectivos da presente investigação foram formulados da seguinte forma

1. Caracterização físico-química de sementes de feijão-mungo.
2. Cinética de hidratação dependente da temperatura de sementes de feijão mungo.
3. Efeito da germinação nas propriedades físico-químicas da farinha de feijão mungo maltado.

CAPÍTULO 2
REVISÃO DA LITERATURA

O feijão mungo é uma boa fonte de proteínas e tem várias propriedades nutricionais e medicinais, mas os antinutrientes limitam a sua absorção quando consumido cru, o que limita a sua utilização. A demolha, um processo em que a água é absorvida na estrutura porosa do grão por difusão e outros mecanismos, resulta numa redução do tempo de cozedura e remove os antinutrientes. A germinação é um processo verde que melhora as propriedades gerais, como o valor nutricional, as propriedades funcionais, a bioatividade e várias outras. A germinação aumenta o teor de proteínas e também aumenta o teor de aminoácidos essenciais e fenilalanina. Os rebentos contêm um maior teor de fenólicos e têm uma elevada atividade antioxidante (Wongsiri *et al.,* 2015). Por conseguinte, os grãos germinados devem ser incluídos na dieta diária para promover a saúde. Tendo em conta os benefícios da germinação acima referidos, eis algumas conclusões e estudos de vários investigadores que demonstram esses benefícios:

°CShafaei *et al* (2016) analisaram a absorção de água usando o modelo Peleg para três variedades de feijão (Talash, Mahali Khomein e Sadri) e três variedades de grão-de-bico (Small Kabuli, Large Kabuli e Desi) durante a imersão em três temperaturas (5, 25 e 45). Os resultados mostraram que a absorção de água aumenta com o aumento da temperatura e do tempo. O estudo também registou uma absorção de água gradual durante as fases iniciais da demolha e uma taxa mais lenta mais tarde, levando a uma absorção de água constante. °CSharanagat *et al.* (2018) também investigaram a cinética de hidratação dependente da temperatura (25, 35, 45 e 55) para o feijão mungo e chegaram a conclusões semelhantes às de Shafaei *et al.* (2016). Miano *et al.* (2018)

investigaram a hidratação de grãos alimentares e concluíram que existem dois tipos de comportamento, nomeadamente uma forma côncava descendente e uma forma sigmoidal, e observaram que as leguminosas exibem um comportamento sigmoidal. O estudo mostrou também que o processo de hidratação é uma transferência de massa em que não só a difusão mas também o movimento capilar desempenham um papel. A estrutura dos grãos, a composição e a temperatura de hidratação também influenciam o processo.

Masood *et al* (2014) analisaram os efeitos da duração da germinação (24 h, 48 h, 72 h, 96 h e 120 h no escuro a 25 °C±2) no conteúdo proximal do feijão-mungo e do grão-de-bico e concluíram que a duração da germinação de 120 h conduz à melhoria máxima da qualidade nutricional do grão-de-bico e do feijão-mungo. Jaganmohan *et al* (2019) estudaram os efeitos da duração da imersão (3 h, 6 h e 9 h) na germinação (22 h, 20 h e 20 h) do grão-de-bico verde e concluíram que a duração da imersão de 3 h resultou numa taxa de germinação mais baixa do que a duração da imersão de 6 e 9 h devido à absorção insuficiente de água. Além disso, as amostras demolhadas durante 6 h e 9 h têm um teor mais elevado de fibra bruta e proteína do que as amostras demolhadas durante 3 h e maltadas. Narsih *et al* (2012) analisaram sementes de sorgo quanto à germinação (12 h, 24 h e 36 h) e à embebição (24 h, 48 h e 72 h) e concluíram que as sementes embebidas durante 24 h e germinadas durante 36 h tinham um elevado valor nutricional e referiram que o tempo afecta significativamente a embebição e a germinação. Blessing *et al.* (2010) realizaram estudos de germinação (24, 36, 48 e 72 h) em feijões mungo com casca e sem casca e concluíram que a germinação (24-36 h) aumentou a humidade e o teor de proteínas e diminuiu o teor de gordura, fibra e hidratos de carbono, enquanto as sementes não descascadas após 72 h tinham o maior teor de proteínas. El-Safy *et al* (2013) experimentaram a demolha (6 e 12 h) e a germinação (2 e 4 dias) de leguminosas (ervilhas, lentilhas, favas e grão-de-bico) e grãos de cereais (aveia e trigo) e concluíram que a demolha e a germinação levaram a uma redução dos factores antinutrientes. A germinação aumentou a humidade, a proteína e a fibra in vitro, a digestibilidade do amido e da proteína de todas as leguminosas e cereais. Wongsiri *et al.* (2015) analisaram a germinação (0-24 h) da variedade de feijão mungo Kampangsean 2 quanto à atividade antioxidante (AA) e à composição química e concluíram que as propriedades antioxidantes e a proteína bruta (resultando num aumento do teor não proteico) e alguns aminoácidos aumentaram. Khalil *et al* (2008) referiram no seu estudo que a demolha e a germinação melhoraram a qualidade das proteínas e reduziram os factores antinutritivos do feijão mungo, e que a germinação levou a um aumento do ácido ascórbico e da concentração de várias vitaminas nas leguminosas. O estudo mostrou também que a germinação reduz o teor total de proteínas, enquanto o azoto não proteico, o teor de fibras, o teor de minerais e cinzas e a digestibilidade in vitro das proteínas aumentam. Além disso, a germinação conduz a um aumento das propriedades funcionais. Desalegn (2015) investigou os efeitos da demolha e da germinação do grão-de-bico e concluiu que ambos os processos diminuíram o teor de proteínas brutas e de fibras e aumentaram o teor de hidratos de carbono, bem como diminuíram o teor de antinutrientes (fitato e tanino condensado) e aumentaram a digestibilidade das proteínas e a biodisponibilidade dos minerais. Mubarak *et al.* (2005) analisaram a composição de nutrientes e os factores antinutricionais do feijão mungo utilizando métodos tradicionais e testaram os efeitos. Mubarak *et al.* (2005) germinaram feijão-mungo durante 3 dias após demolharem durante 12 horas e concluíram que a germinação foi mais eficaz do que outros métodos na redução dos antinutrientes, enquanto os minerais foram bem preservados. Syed *et al* (2011) investigaram a duração da germinação do feijão-mungo (0 h, 24 h, 48 h, 72 h e 96 h) e concluíram que a germinação conduz a um aumento de todos os parâmetros do teor de compostos proximais, exceto a gordura, e a uma melhoria do teor de proteínas e de ácido ascórbico, aumentando o valor nutricional global.

Tajoddin *et al.* (2014) investigaram os efeitos da imersão (12 horas) e da germinação (12, 24 e 48 horas) no teor de polifenóis de três variedades de feijão mungo (ALM-1, ALM-2 e ALM-3) que diferiam na cor do revestimento da semente e concluíram que a imersão resultou numa redução do teor de fenólicos, enquanto a germinação durante 48 horas resultou num aumento de 41-76% no teor de polifenóis, que a embebição levou a um conteúdo fenólico reduzido, enquanto a germinação por 48 horas levou a um aumento de 41-76% no conteúdo de polifenóis, e também mostrou que o feijão mungo amarelo tem um conteúdo mais alto do que as variedades verdes. Ebert *et al.* (2017) examinaram a composição nutricional (fitonutrientes) dos rebentos de soja e de feijão-mungo em comparação com o crescimento adulto e concluíram que o teor de vitamina C dos rebentos de feijão-mungo era mais elevado, mas o teor fenólico e a atividade antioxidante das sementes de feijão-mungo eram muito mais elevados do que os rebentos. Plainsirichai *et al.* (2021) analisaram as variedades tailandesas de feijão mungo (Chainat 72, M.T.S 1, Chainat 36, Kamphaengsaen 2 e Chainat 84-1) quanto ao seu teor fenólico total, flavonóides totais e atividade antioxidante após a germinação (1-4 dias) e concluíram que a germinação conduz a um aumento acentuado do teor de TPC, TFC e AA, com um aumento de quase 10-15 vezes em relação à forma nativa.

Yu *et al.* (2018) investigaram as propriedades funcionais da farinha de feijão mungo germinada (12-72 h) e concluíram que as propriedades funcionais (WAI, WSI, OAC e WAC) aumentaram. Elobuike *et al.* (2021) também investigaram as propriedades funcionais da farinha de feijão mungo germinada e concluíram que as propriedades funcionais (densidade aparente, poder de inchamento e viscosidade) diminuem com o tempo de germinação (24-120 h).

Kaur *et al.* (2022) investigaram os efeitos da maltagem nos isolados proteicos de grão-de-bico e concluíram que a germinação leva a uma diminuição do rendimento de globulina com o tempo de germinação, enquanto o teor de albumina aumenta. Akaerue *et al* (2010) avaliaram o rendimento de isolados proteicos de feijão-mungo em função do processamento e concluíram que a germinação (24 e 36 horas) resultou num aumento da extração de proteínas, que foi de 10%, 6,60% (48 horas) e 7,52% (72 horas).

Atudorei *et al* (2021) investigaram os efeitos da germinação (2-4 dias) nas propriedades físico-químicas e microestruturais de diferentes leguminosas (feijão, lentilha, tremoço, grão-de-bico e soja) e chegaram às seguintes conclusões: No feijão, grão-de-bico e lentilha, foram observadas alterações no amido principalmente no MEV, o que levou a uma quebra da estrutura da semente; a germinação levou a um aumento do teor de proteína. Yu *et al.* (2020) investigaram o efeito do tempo de germinação (12-72 h com um intervalo de 12 h) nas propriedades estruturais do feijão-mungo e concluíram que a superfície do amido é amolgada no caso da farinha germinada, o grau de cristalinidade do amido de feijão-mungo germinado aumenta e não se observa qualquer alteração na estrutura cristalina. Xu *et al.* (2019) investigaram os efeitos da germinação (6 dias) nas propriedades térmicas e na composição química da lentilha, ervilha amarela e farinha de grão-de-bico e concluíram que as propriedades térmicas mudaram ligeiramente e o teor de proteína aumentou e o teor de gordura diminuiu durante a germinação das leguminosas.

Foi realizado um estudo sobre o potencial tecnológico e nutricional do feijão mungo, que concluiu que foram realizados numerosos estudos, que continham resultados diferentes com uma ampla gama, mostrando que diferentes factores são responsáveis por estas variações, mas não os conhecemos (Dahiya *et al.*, 2015).

CAPÍTULO 3
MATERIAIS E PROCESSOS

3.1 Preparação da amostra

As sementes cruas de moong (Vigna radiate), variedade SML1827, foram adquiridas na Universidade Agrícola de Punjab, Ludhiana. Antes da análise, foram cuidadosamente limpas para remover corpos estranhos e sementes danificadas. As sementes foram armazenadas à temperatura ambiente em recipientes herméticos.

3.2 Propriedades físico-químicas do grão de feijão mungo

3.2.1 Propriedades físicas das sementes

As propriedades físicas, de fricção e gravimétricas das sementes de feijão mungo cruas e limpas foram determinadas utilizando um paquímetro, um cilindro de medição e uma balança ou tábua deslizante. Para o comprimento e a espessura, foram tomadas 10 a 20 sementes; para todas as outras propriedades, foram registadas 3 a 5 medições.

$D_g Sa$As dimensões foram determinadas com um paquímetro e utilizadas nas equações de Mohsenin (1970) para calcular o diâmetro médio geométrico ( ), a esfericidade (ϕ), a área de superfície ( ) e o volume do núcleo (V):

$$Dg = (LWT)^{\frac{1}{3}} \quad [1]$$

$$\phi = \frac{\left[(LWT)^{\frac{1}{3}} \times 100\right]}{L} \quad [2]$$

$$Sa = \pi \times (Dg)^2 \quad [3]$$

$$V = \Pi \frac{LWT}{6} \quad [4]$$

3.2.2 Densidade a granel (ρ_b) e densidade real (ρ_t)

A densidade aparente das sementes foi descrita por Mohsenin (1970) como a razão entre o peso do volume conhecido das sementes e o volume das sementes; para este efeito, o volume foi determinado enchendo a proveta graduada até à altura desejada e anotando depois o volume, e para o peso, pesou-se o mesmo conteúdo. A densidade real foi calculada como a relação entre a massa das sementes e o seu volume real, que foi determinado pelo método do deslocamento do tolueno. Para determinar o volume real, um peso conhecido de sementes foi imerso num volume conhecido de tolueno e o aumento de volume foi registado como o volume real. A porosidade foi determinada usando a equação de Mohsenin [5] (1970)

$$\varepsilon = 100[1 - (\rho_b - \rho_t)] \quad [5]$$

$\rho_b \rho_t$Em que ε é a porosidade e e a densidade aparente (g/ml) ou a densidade real (g/ml).

3.2.3 Ângulo de repouso (θ)

O ângulo de repouso é o ângulo que o material granular forma com a superfície quando é empilhado em superfícies planas e forma um monte devido ao atrito interno. Para o efeito, encheu-se um cilindro sem tampa e sem fundo sobre a mesa com grãos e levantou-se lentamente o cilindro para formar um monte com uma orientação horizontal. A altura e o diâmetro da pilha foram anotados e depois substituídos na equação [6] (Kaleemullah *et al.*, 2002):

$$\theta = \tan^{-1}\left(\frac{2H}{D}\right) \quad [6]$$

Onde θ é o ângulo de repouso (°), H é a altura do cone (cm) e D é o diâmetro do cone (cm).

3.2.4 Coeficiente de atrito (μ)

Coeficiente de atrito, foi realizada a seguinte experiência: uma tábua basculante com quatro superfícies consecutivas de madeira (superfícies paralelas à direção de deslizamento), madeira (superfícies perpendiculares à direção de deslizamento), aço e vidro foi fixada a uma escala de medição de ângulos. Um tubo cilíndrico colocado numa tábua com diferentes superfícies e cheio de grãos foi observado para determinar o ângulo de deslizamento à medida que o levantávamos lentamente para que os grãos começassem a deslizar. O cilindro foi ligeiramente levantado para assentar sobre a camada de grãos, de modo a que o ângulo obtido fosse efetivamente o criado pelo deslizamento dos grãos. A equação seguinte dá-nos o coeficiente de atrito:

$$\mu = \tan \alpha \qquad [7]$$

em que μ é o coeficiente de atrito (sem dimensões) e α é o ângulo de inclinação (°)

3.2.5 Comportamento de hidratação dependente da temperatura das sementes de feijão mungo

O teor de humidade original da amostra crua foi determinado utilizando o método de secagem em estufa de acordo com a AOAC (2002). A quantidade desejada de grãos foi pesada numa balança e depois colocada de molho a diferentes temperaturas. 20 °C, 30 °C, 40 °C e 50 °C foram as temperaturas mantidas no banho-maria para analisar a cinética de hidratação em função da temperatura. O peso, o comprimento, a respiração, a espessura e o volume volumétrico foram medidos de 15 em 15 minutos durante a hidratação até se atingir um peso constante. Os valores medidos foram cuidadosamente registados.

3.2.6 Capacidade de absorção de água (CAA)

A capacidade de absorção de água foi calculada utilizando a equação [8] (Watters *et al.*, 2002).

$$w_a = \frac{[(w_f - w_i) \times 100]}{w_i} \quad [8]$$

w_aOnde *é a* absorção de água (d.b,.%), w_f é o peso das sementes após a imersão (g), w_i é o peso das sementes antes da imersão (g).

Para calcular o teor de humidade, as massas registadas foram tomadas e utilizadas nas equações [9] e [10]

$$M_{db} = \frac{[(M_b - M_d) \times 100]}{M_d} \quad [9]$$

$$M_{wb} = \frac{[(M_b - M_d) \times 100]}{M_b} \quad [10]$$

$M_{db} M_{wb} M_b M_d$Onde e são o teor de humidade em base seca (%) e em base húmida (%), respetivamente. é a massa antes da secagem ou a massa da amostra embebida (g) e é a massa após a secagem ou a massa da amostra seca (g).

Quando a massa das sementes se torna constante durante a embebição, o teor de humidade medido é chamado teor de humidade de equilíbrio (EMC). Este teor é medido através da equação[11]:

$$M_e = \frac{[(W_e - W_{ds}) \times 100]}{W_{ds}} \quad [11]$$

$M_e W_{ds} W_e$em que é o teor de humidade dos grãos no estado de equilíbrio (%, dh), é a massa seca do grão embebido (g) e é a massa do grão no estado de equilíbrio (g).

A razão de humidade é o teor de humidade relativo no momento (t) em relação ao teor de humidade no momento do equilíbrio. É medida através da equação [12]:

$$MR = \frac{M_{(t)} - M_0}{M_e - M_0} \quad [12]$$

$M_{(t)} M_e$Onde é o teor de humidade no tempo t, M_0 é o teor de humidade inicial (d.b), é o teor de humidade de equilíbrio (d.b).

3.2.7 Acessórios para modelos

Quadro 1: Modelos matemáticos utilizados para modelar a cinética de hidratação

SN	Modelos	Equações do modelo	Referência
1.	Modelo lateral	$MR = \exp(-kt^n)$	Página (1949)
2.	Modelo de Lewis	$MR = \exp(-kt)$	Doymaz (2005)
3.	Henderson e Pabis	$MR = a\exp(-kt)$	Henderson e Pabis (1961)
4.	Página 1 alterada	$MR = exp(-(kt)^n)$	Yaldiz *et al.* (2001)
5.	Balbey e Sahin	$MR = (1-a)\exp(-kt^n) + b$	Balbay, A. e Sahin, O. (2012)
6.	Verma	MR=aexp(-*kt*)+(*1-a*) exp(-*gt*)	Verma *et al.* (1985)

R^2($\chi^{(2)}$Os parâmetros utilizados para avaliar o modelo de melhor ajuste foram o coeficiente de determinação ( ), o qui-quadrado) e a raiz do erro quadrático médio (RMSE), que foram calculados utilizando as seguintes equações [13], [14] e [15], respetivamente. (Inyang *et al.*, 2018):

$$R^2 = \frac{\left\{\sum_{i=1}^{N}\left(M_{exp,i} - M_{exp\ ave}\right)^2 - \sum_{i=1}^{N}\left(M_{exp,i} - M_{pre,i}\right)^2\right\}}{\sum_{i=1}^{N}\left(M_{exp,i} - M_{pre,i}\right)^2} \quad [13]$$

$$\chi^2 = \frac{\left\{\sum_{i=1}^{N}\left(M_{exp,i} - M_{pre,i}\right)^2\right\}}{N-n} \quad [14]$$

$$RMSE = \left[\frac{1}{N}\sum_{i=1}^{N}\left(M_{pre,i} - M_{exp,i}\right)^2\right]^{\frac{1}{2}} \quad [15]$$

$M_{exp,i}M_{pre,i}M_{\exp\ ave}$Onde é o i-ésimo teor de humidade observado experimentalmente, é o i-ésimo teor de humidade previsto, é o teor de humidade médio observado e N é o número de observações.

3.2.8 Energia de ativação (E_a) e difusividade efectiva do vapor de água (D_{eff})

Para objectos esféricos, a difusividade efectiva da humidade pode ser estimada utilizando a equação derivada da lei de Fick[16] para um tempo de sorção mais longo (assumindo que o feijão mungo é um objeto esférico) Prasad et al. (2010):

$$Ln(MR) = Ln\left(\frac{6}{\pi^2}\right) - (D_{eff}\pi^2 * \frac{t}{r^2}) \quad [16]$$

$D_{eff}m^2$Onde r é o raio do grão (m) e é o coeficiente efetivo de difusão da humidade (/s).

A dependência da difusividade do grão com a temperatura de hidratação foi determinada utilizando a relação de Arrhenius;

$$D_{eff} = D_o \, exp - (\frac{E_a}{RT}) \quad [17]$$

$m^2 D_0 m^2 E_a$Em que Deff é o coeficiente de difusão (/s), é o fator pré-exponencial (/s) e é a energia de ativação do coeficiente de difusão (kJ/mol).

Os núcleos secos foram analisados quanto às suas dimensões (L, B e T), tendo sido efectuadas dez medições para minimizar os erros. $mm^2 mm^3$A densidade aparente (g/ml), a densidade real (g/ml), a porosidade, o peso de 1000 grãos (g), o coeficiente de atrito, o ângulo de repouso (radiano), a esfericidade (%), o diâmetro médio geométrico (mm), a superfície ( ) e o volume ( ) foram as propriedades determinadas.

3.3 Germinação

As sementes foram embebidas em água a 30 °C durante 6 horas. O tempo de embebição escolhido baseou-se nos resultados da análise da cinética de hidratação realizada no âmbito deste projeto, e a temperatura escolhida baseou-se no teste preliminar da percentagem e da velocidade de germinação. 30 °C resultou numa germinação mais rápida. Após o período de embebição, a água foi drenada, as sementes foram lavadas novamente e o peso das sementes foi determinado após a remoção do excesso de água. Imediatamente após a hidratação, algumas das sementes foram secas na estufa a 60 °C durante 14-16 horas, enquanto as outras duas germinaram durante 48 e 72 horas e foram depois secas na estufa a 60 °C durante 14-16 horas. Após a análise física, as sementes foram pulverizadas num moinho e armazenadas em sacos com fecho de correr até à análise química. As sementes em bruto foram igualmente pulverizadas e armazenadas.

3.3.1 Análise aproximada

3.3.1.

O teor de humidade foi analisado utilizando o método de coloração em estufa de acordo com a AOAC (2002). Foram pesados cinco gramas da amostra numa placa de Petri seca e previamente pesada. A placa de Petri com a amostra foi colocada na estufa a 105 °C durante 4-6 horas. Durante as últimas horas, a amostra foi pesada de 15 em 15 minutos até o peso ficar quase constante e a massa foi registada. Para calcular o teor de humidade, foi tomada a média das massas registadas e utilizada na equação[18] e na equação[19]:

$$M_{db} = \frac{[(M_b - M_d) \times 100]}{M_d} \quad [18]$$

$$M_{wb} = \frac{[(M_b - M_d) \times 100]}{M_b} \quad [19]$$

$M_{db} M_{wb} M_b M_d$Onde e são o teor de humidade na forma seca e húmida, respetivamente, é a massa antes da secagem ou a massa da amostra embebida (g) e é a massa após a secagem ou a massa da amostra seca (g).

3.3.1.2 Teor total de gordura

O teor total de gordura foi analisado por extração de Soxhlet de acordo com a AOAC (2002). Pesaram-se 1-5 g de amostra e colocaram-se num dedal. A abertura do dedal foi tapada com algodão e colocada no tubo do sifão, que foi inserido na abertura de fundo redondo com o metanol para extração. A extração foi efectuada durante 6 horas, com a ajuda de um refrigerador e de uma manta de aquecimento eléctrica com uma temperatura de 50-60 °C.

O aparelho de Soxhlet, retirado da fonte de calor, foi então arrefecido durante 15 minutos, tendo o dedal sido retirado e mantido a 40 °C num secador. Ligado novamente à fonte de calor, o solvente foi recolhido num tubo de sifão e o que restou foi a quantidade de gordura no fundo redondo. A massa pesada do fundo redondo foi utilizada na equação[20] para calcular o teor de matéria gorda:

$$\%\, crude\, fat = \frac{[(W_{t3} - W_{t2}) \times 100]}{W_{t1}} \qquad [20]$$

W_{t1} é o peso da farinha retirada (g), W_{t2} é o peso da base redonda vazia (g) e W_{t3} é o peso da base redonda com gordura (g).

3.3.1.3 Teor total de cinzas

A avaliação foi efectuada de acordo com a AOAC (2005), 17.ª edição (Noor Aziha *et al.,* 2012). Foram colocados 1-2 g da amostra num cadinho pesado. Utilizou-se uma chama de queimador para inflamar a amostra seca até ficar carbonizada e, em seguida, transferiu-se para a mufla regulada para 550-600 °C utilizando pinças. A ignição foi continuada até o conteúdo se transformar em cinzas cinzentas, o que normalmente demora 4 horas para as farinhas. O conteúdo foi arrefecido e pesado num cadinho. O teor total de cinzas foi medido utilizando a Eq. [21].

$$\%\, total\, ash = \frac{W_a \times 100}{W_s} \qquad [21]$$

W_sEm que W_a é o peso da cinza (g) e = peso da amostra (g).

3.3.1.4 Teor de proteínas brutas

O teor de proteína bruta foi calculado pelo método de Kjeldhal. AOAC (2002). Foram adicionados ao balão de digestão 0,2 g de amostra desfinada finamente triturada, 3,4 g de sulfato de sódio (para aumentar o ponto de ebulição e acelerar a reação) e 0,6 g de sulfato de cobre como catalisador. A amostra foi então digerida por adição cuidadosa de 10 ml de ácido sulfúrico concentrado ao balão de digestão até se tornar incolor (2 h). Os frascos de digestão foram então arrefecidos e transferidos para a unidade de destilação, onde se procedeu destilação com 30 ml de NaOH a 40%. O amoníaco gasoso libertado foi recolhido com ácido bórico a 4% misturado com um indicador. A cor rosa do ácido bórico mudou para verde. Esta solução verde foi então titulada com HCL 0,1 N até ao aparecimento da cor rosa. O volume de HCL utilizado para titular a amostra foi cuidadosamente anotado. A equação seguinte[23] foi utilizada para avaliar o teor de proteínas totais da amostra.

$$\%N = \frac{[(titre\ value\ of\ HCL - titre\ value\ of\ blank) \times 14 \times N\ of\ HCL \times 100]}{weight\ of\ sample \times 1000} \quad [22]$$

$$\%P = \%N \times 6.25 \quad [23]$$

Em que %N é a percentagem de azoto e %P é a percentagem de proteínas.

3.3.1.5 Teor de fibra bruta

A quantidade de fibras brutas foi medida de acordo com o método da AOAC (2005). Transferiu-se 1-3 g da amostra desfinada, pesada com precisão, para um erlenmeyer de 1 litro e ferveu-se com ácido sulfúrico a 1,25% durante 30 minutos. Em seguida, o conteúdo foi filtrado com papel de filtro e o resíduo foi lavado com água a ferver. O resíduo foi então fervido com hidróxido de sódio a 1,25% durante 30 minutos. Após 30 minutos, a solução foi filtrada e lavada com água a ferver, tendo o resíduo sido transferido para o cadinho previamente tarado e pesado. Anotou-se cuidadosamente a massa do cadinho que continha as fibras antes da incineração. O cadinho contendo as fibras foi queimado numa mufla até à combustão de todos os materiais carbonosos. O cadinho que continha as cinzas foi arrefecido e o peso anotado. Esta equação[24] foi utilizada para calcular o teor total de fibras:

$$crude\ fibre\ \% = \frac{[(W_1 - W_2) \times 100]}{W} \qquad [24]$$

W_1 é o peso do cadinho com o conteúdo antes da incineração (g), W_2 é o peso do cadinho com as cinzas e W é o peso do material seco retirado para o ensaio.

O teor de hidratos de carbono foi medido utilizando o método da diferença, ou seja, para calcular o teor de hidratos de carbono, a soma (gordura+proteína+humidade+cinzas+fibras) de todas as outras composições foi subtraída de 100 em percentagem (Eq. [25]):

$$\%carbohydrate = 100 - (moisture + fat + protein + ash + fibre) \qquad [25]$$

3.3.2 Propriedades antioxidantes

3.3.2.1 Teor de fenóis totais (TPC)

Extraiu-se 1 g de amostra durante uma noite com 10 ml de metanol ácido a 80% e homogeneizou-se a mistura a 1500 rpm durante 15 minutos. O sobrenadante transparente foi separado, ou seja, o extrato metanólico da amostra, e armazenado no frigorífico até à sua utilização.

Para a análise de TPC, utilizou-se o método de Folin-Ciocalteu (Singleton *et al.,* 1999). Adicionou-se 1 ml do extrato metanólico da amostra ao tubo de ensaio, depois adicionou-se 5 ml do reagente FC diluído 10 vezes ao extrato e manteve-se durante 5 minutos. Em seguida, adicionaram-se 4 ml de carbonato de sódio a 7,5% ( ) ao tubo de ensaio e incubou-se no escuro durante 90 minutos. Após 90 minutos, a absorvância foi medida com um espetrofotómetro a 765 nm. A absorvância foi cuidadosamente registada. =Para obter a equação :y mx+c ou y=mx-c, que indica a concentração de TPC na amostra com base nos valores de absorvância, a curva de calibração foi desenhada com o eixo x como a concentração padrão de ácido gálico e o eixo y como a absorvância medida contra estas concentrações. Para calcular o teor de TPC, devem ser seguidos os passos seguintes: Substituir o valor da absorvância em vez de y na equação obtida com a curva de calibração e obter a concentração (c). De seguida, substituir o valor de c na seguinte equação[26]:

$$TPC=cV/m \quad [26]$$

Em que c é a concentração da curva de calibração, V é o volume do extrato utilizado (ml), m é a massa do extrato utilizado e TPC é o teor de fenóis totais em mg GAE/g de extrato.

3.3.2.2 Teor de flavonóides totais (TFC)

A TFC foi estimada por um método calorimétrico descrito do seguinte modo: 0,5 ml de um extrato metanólico ácido foram colocados num tubo de ensaio, ao qual se adicionaram sucessivamente 0,3 ml de nitrito de sódio a 5%, 1 ml de metanol e 4 ml de água destilada, deixando-se repousar durante 6 minutos. Em seguida, adicionou-se 0,3 ml de cloreto de alumínio a 10% e deixou-se em repouso durante 5 minutos. Em seguida, adicionou-se 1 ml de hidróxido de sódio 1M e o volume foi completado até 10 ml com água destilada. A solução foi incubada à temperatura ambiente durante 15 minutos e, em seguida, a absorvância foi medida a 510 nm. Utilizando a quercetina como padrão, traçou-se a curva de calibração, em que o eixo dos x representa as diferentes concentrações de quercetina e o eixo dos y representa a absorvância a essas concentrações. A absorvância da amostra foi substituída na equação da curva de calibração para obter a concentração (c). Esta c foi utilizada na seguinte equação[27]:

$$TFC=cV/m \quad [27]$$

Em que c é a concentração da curva de calibração, V é o volume do extrato utilizado (ml), M é a massa do extrato utilizado (g) e TFC é o teor total de flavonóides em mg QE/g de extrato.

3.3.2.3 Atividade antioxidante (AA)

Atividade antioxidante (% de capacidade de eliminação de DPPH): A atividade antioxidante da amostra foi estimada pela percentagem da capacidade de eliminação de DPPH (Williams *et al.,* 1995). 100 µl do extrato metanólico foram colocados num tubo de ensaio, misturados com 3,9 ml de solução de DPPH (0,15 mmol/l) e deixados em repouso no escuro durante 30 minutos. A absorvância foi então cuidadosamente medida a 515 nm. A percentagem de atividade de eliminação de DPPH foi estimada utilizando a equação [28]:

$$DPPH\ \% = \frac{[(A_0-A_1)\times 100]}{A_0} \quad [28]$$

$A_0 A_1$Em que é a absorvância do controlo e é a absorvância da amostra.

3.3.3 Propriedades funcionais da farinha mungo

3.3.3.1 Capacidade de absorção de água (CAA)

A CMA indica a quantidade de água absorvida por g de farinha ou a percentagem de água absorvida por g de farinha. A CMA foi estimada de acordo com o método de Sosulski *et al.* (1976). Foram adicionados

10 ml de água destilada a 1 g de farinha no tubo de centrifugação, que foi depois deixado em repouso durante 30 minutos à temperatura ambiente. Após 30 minutos, a pasta foi centrifugada a 3000 rpm durante 30 minutos. O sobrenadante foi decantado para um recipiente e o sedimento restante foi pesado com o tubo e anotado. A CMA foi calculada utilizando a Eq. [29].

$$WAC = \frac{W_2 - W_1}{W} \times 100 \quad [29]$$

$W_2 W_1$Onde WAC é a capacidade de absorção de água em (%), é o peso do tubo com sedimentos (g), é o peso do tubo com amostra seca (g) e W é o peso da amostra seca (g).

3.3.3.2 Capacidade de absorção de óleo (CAO)

A OAC indica o óleo absorvido por grama de farinha ou a percentagem de óleo absorvido por grama de farinha. Foi utilizado o método (Sosulski *et al.*, 1976) para determinar o OAC. Foi pesado um grama do material, misturado com 10 ml de óleo vegetal num tubo de centrifugação e deixado em repouso durante 30 minutos à temperatura ambiente. 30 minutos após os primeiros 30 minutos, a mistura foi centrifugada a 3000 rpm e o sobrenadante foi decantado. O peso do sedimento no tubo foi pesado e anotado. A OAC foi calculada utilizando a equação [30]

$$OAC = \frac{O_2 - O_1}{O} \times 100 \quad [30]$$

$O_2 O_1$Em que OAC é a capacidade de absorção de óleo em %, é o peso do tubo com sedimento (g), é o peso do tubo com amostra seca (g) e O é o peso da amostra seca (g).

3.3.3.3 Capacidade de inchamento (SP) e solubilidade (SL)

A SP e a SL foram avaliadas de acordo com o método descrito por Ratnawati *et al.* (2019) (com ligeiras modificações). Misturaram-se 15 ml de água destilada com 1 g de amostra num copo, agitou-se e colocou-se num banho de água a 95 °C durante 30 minutos. A amostra foi então retirada, arrefecida à temperatura ambiente e transferida para um tubo de centrifugação. A pasta foi centrifugada a 3000 rpm durante 15 minutos. O gel e o sobrenadante foram pesados e o sobrenadante foi então seco numa estufa até peso constante. O SP pode ser determinado utilizando a Eq. [31]:

$$SP = \frac{W_2 - W_1}{W_O} \quad [31]$$

Em que W_1 é o peso da amostra seca com tubo de centrifugação (g), W_2 é o peso do gel com tubo de centrifugação (g) e W_o é o peso da amostra seca (g). A solubilidade foi avaliada utilizando a equação [32]:

$$SL\,(\%) = \frac{W_2 \times 100}{W_1} \quad [32]$$

Em que W_1 é o peso seco da amostra (g) e W_2 é o peso do sobrenadante seco (g).

3.3.3.4 Fracionamento de proteínas

O fracionamento das proteínas foi efectuado de acordo com o método de fracionamento de Osborne (Osborne e Vooehees, 1894). A amostra e a água destilada foram misturadas numa proporção de 1:10 de farinha para água, agitadas para remover grumos e extraídas durante 4 horas com um agitador magnético a 37 °C e 700 a 800 rpm. A mistura foi depois centrifugada a 5000 rpm durante 20 minutos e o líquido e o sedimento foram separados. O pH do sobrenadante contendo albumina foi ajustado e centrifugado novamente. O precipitado de albumina foi separado e liofilizado. O sedimento obtido anteriormente foi novamente extraído durante 4 horas, desta vez com 0,5 NaCl para a globulina, e depois foram efectuados os mesmos passos desde a primeira centrifugação até à liofilização. O sedimento obtido após a extração da globulina foi então extraído com etanol aquoso a 70 % e depois uma quarta vez com NaOH 0,1 N (Kaur *et al.*, 2022).

Foram medidos o rendimento percentual das fracções utilizando a Eq.[33] e a percentagem das fracções no teor total de proteínas utilizando a Eq.[34]:

$$yeild\ \% = \frac{weightof\ fraction \times 100}{weightof\ sample\ taken} \qquad [33]$$

$$\%\ fraction\ in\ total\ protein = \frac{yeild \times 100}{protein} \qquad [34]$$

3.3.4 Análise por microscopia eletrónica de varrimento (MEV) de

O microscópio eletrónico de varrimento (JSM-7610, F PLUS, JOEL, Japão) foi utilizado para analisar a farinha de feijão mungo crua e moída a nível microestrutural. A amostra moída e revestida a ouro foi colocada na fita condutora de dupla face, deslizada para o instrumento e depois fotografada com diferentes ampliações. A análise SEM é utilizada para estudar as propriedades morfológicas das amostras Kaur *et al.* (2022).

3.3.5 Padrão de difração de raios X da farinha de malte

O difratómetro de raios X D8 Advance, Bruker, Alemanha, foi utilizado para registar o padrão de DRX da farinha de feijão mungo crua e moída com um comprimento de onda de 1,54 Å e um potencial de aceleração de 40 kV e uma corrente de 30 mA com um alvo de cobre. O ângulo de difração (5-60°) foi utilizado para registar o padrão Kaur et al. (2022). O XRD é utilizado para estudar a cristalinidade do material.

3.3.6 Espectros FTIR da farinha de malte

O FTIR é geralmente utilizado para identificar materiais desconhecidos, tais como grupos orgânicos em alimentos. cm^{-1}Os espectros FTIR da farinha de feijão mungo crua e moída foram determinados na gama de 4000-400 utilizando o L1600300 Spectrum (dois LIT-a FTIR, Reino Unido). As amostras pulverizadas foram colocadas na placa ATR e completamente cobertas. Os espectros registados foram analisados para avaliar a amostra.

3.3.7 Análise DSC da farinha de feijão mungo maltado

°CO calorímetro diferencial de varrimento (DSC 4000, Perkin Elmer, EUA) foi utilizado para analisar as propriedades térmicas das amostras na gama de temperaturas de 20 a 150 a uma taxa de aquecimento de 5 °C/min. Os parâmetros determinados foram a temperatura inicial, a temperatura de pico e a temperatura final, bem como a variação da entalpia.

3.3.8 Análise estatística

As observações registadas em triplicado foram apresentadas como valor médio e desvio padrão. As análises estatísticas foram efectuadas utilizando o SPSS (IBM Statics 26) e o teste de Duncan ($p \leq 0,05$).

CAPÍTULO 4
RESULTADOS E DISCUSSÃO

4.1 Propriedades físico-químicas do feijão mungo

Foram determinadas as propriedades físicas das sementes de feijão mungo enumeradas no **quadro 2**. As dimensões do comprimento, da largura e da espessura foram de 4,80, 3,47 e 3,14, respetivamente. O valor de Dg parece ser inferior ao do comprimento, o que é uma indicação da maior esfericidade das sementes de feijão mungo, que é de 80,23 %. A porosidade foi inferior a 50% e o ângulo de repouso foi de 21,86%. O coeficiente de atrito foi mais elevado para o contraplacado e mais baixo para o aço. Os resultados estão de acordo com os de Dahiye *et al.* (2015). O quadro 3 apresenta a composição química. O teor de humidade do feijão mungo cru era de 9,7%, o teor de proteínas era de 23,95%, superior ao do grão-de-bico e inferior ao da soja, 4% de fibra alimentar, 3,89% de cinzas e o teor de hidratos de carbono era de 57,20%. O feijão mungo tinha um teor mais baixo do que o grão-de-bico e a soja, o que significa um teor calórico mais baixo do que estes dois. Os resultados estão de acordo com os de Mubarak *et al.* (2005).

Quadro 2: Propriedades físicas das sementes de feijão-mungo.

Propriedades	**Valores**
Comprimento (mm)	4.80 ± 0.44
Largura (mm)	3.47 ± 0.28
Espessura (mm)	3.14 ± 0.26
Dg(mm)	3.84 ± 0.28
Volume (mm^2)	30.09 ± 5.52
Esfericidade (%)	80.23 ± 4.24
Área de superfície (mm^2)	46.56 ± 5.32
Densidade aparente (g/ml)	0.80 ± 0.41
Densidade real (g/ml)	1.33 ± 0.32
Porosidade (%)	38.56 ± 1.26
1000 Peso do núcleo (g)	44.24 ± 0.21
Ângulo de repouso (graus)	21.86 ± 1.01
Coeficiente de atrito (superfície)	
Vidro	0.46 ± 1.2
Aço	0.34 ± 0.12
Painel de contraplacado (linhas perpendiculares à direção de deslizamento)	0.73 ± 0.31
Painel de contraplacado (linhas paralelas à direção de deslizamento)	1.10 ± 0.53

Os resultados são apresentados como valor médio ± desvio padrão.

Quadro 3: Composição do feijão-mungo

Componentes	Valores
MC_{db} (%)	9.70 ± 0.02
Proteína (%)	23.95 ± 0.02
Fibra alimentar (%)	4.00 ± 0.04
Cinzas (%)	3.89 ± 0.03
Gordura (%)	1.26 ± 0.04
Hidratos de carbono (%)	57.20 ± 0.06

Os resultados são apresentados como valor médio ± desvio padrão.

4.2 Cinética de hidratação do feijão mungo em função da temperatura :

4.2.1 Cinética da absorção de água; difusividade da humidade e energia de ativação do feijão mungo em função da temperatura

O teor de humidade inicial das sementes de feijão mungo foi determinado em 9,7% (d.b, %), que é influenciado pela temperatura de hidratação. **A Fig. 1** mostra a percentagem de ganho de peso em função do tempo de demolha a diferentes temperaturas de hidratação. Observa-se que o ganho de peso é maior a temperaturas mais elevadas e mais lento a temperaturas mais baixas, tornando-se constante para todos no equilíbrio. Isto mostra que a temperatura influencia a taxa de absorção de água. °C °CA 40 e 50 °C é necessário menos tempo para atingir a saturação do que a 20 e 30 °C. Nos fenómenos de absorção de água, a taxa de absorção é mais elevada na fase inicial devido a um gradiente de concentração mais elevado e mais lenta nas fases posteriores do processo de equilíbrio devido a um gradiente mais baixo. Estas fases iniciais e posteriores são designadas por fases de difusão e de relaxamento, respetivamente.

A adição de energia térmica significa que o processo de absorção de água é efetivo em termos de tempo. **A Fig. 1** mostra que o feijão mungo tem uma taxa de absorção mais elevada na fase de difusão e torna-se constante na fase de relaxamento. Foram apresentados resultados semelhantes para outros grãos e sementes (Bello *et al,* 2004; Kaptso *et al,* 2008; Sharanagat *et al,* 2016; Khazaei e Mohammadi, 2009). A taxa de absorção de água e o tamanho da semente estão em contradição entre si, de modo que o feijão mungo tem uma taxa de absorção mais alta em comparação com outros grãos, como o feijão vermelho Sharanagat *et al.* (2018).

Apesar de vários estudos, a lei de difusão de Fick não conseguiu modelar a cinética de hidratação dos alimentos Sharanagat, *et al.* (2018). Isto mostra que a difusão não é apenas o fenómeno de absorção de água, mas que outros mecanismos podem também estar envolvidos. Sharanagat, *et al.* (2018) também mostraram que a energia térmica actua como um catalisador para a difusão. **A Fig. 2** mostra que o intervalo para a fase de difusão diminui com o aumento da temperatura. Isto significa que, com o aumento da temperatura, é necessário menos tempo para atingir a fase de relaxamento. A temperatura aumentou a capacidade efectiva de difusão da humidade dos grãos de feijão mungo, como mostra a **Fig. 3**, que ilustra a proporcionalidade direta entre a temperatura e o fenómeno de difusão.

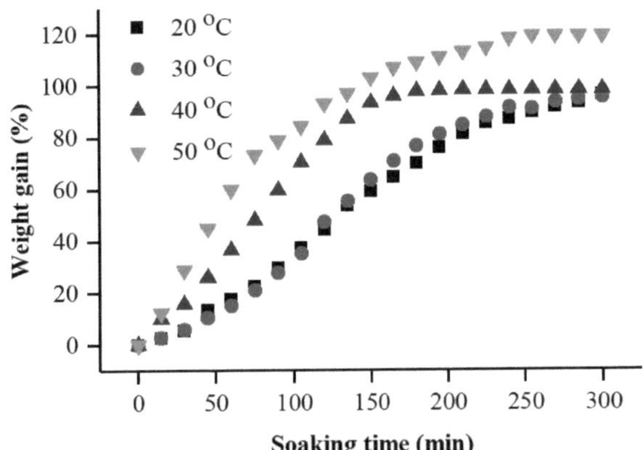

Fig.1: Ganho de peso do feijão mungo durante a hidratação a quatro temperaturas diferentes (20 °C, 30 °C, 40 °C e 50 °C)

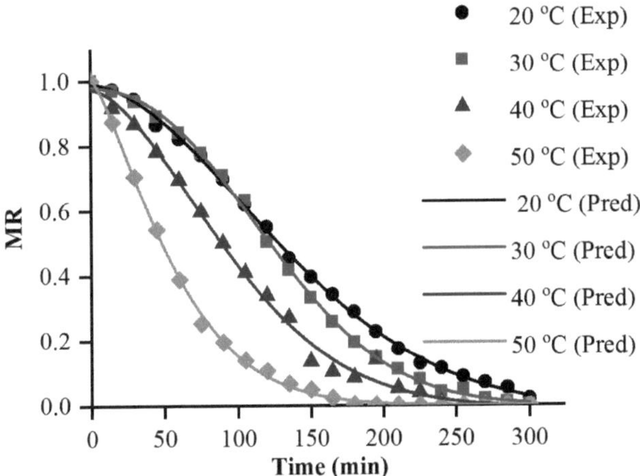

Fig. 2: Diagrama entre a taxa de humidade e o tempo em diferentes temperaturas de imersão (20 °C, 30 °C, 40 °C e 50 °C)

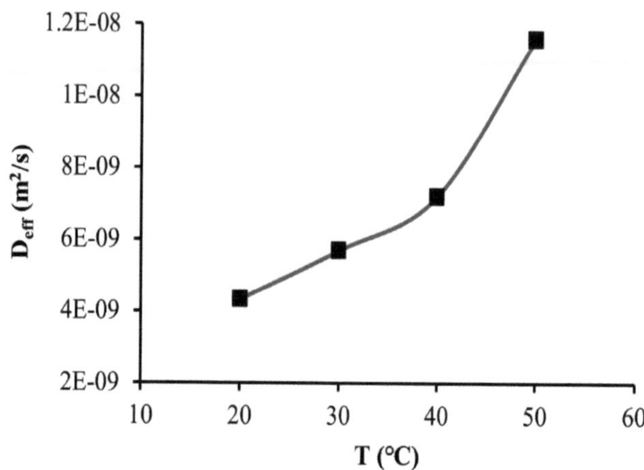

Fig. 3: Coeficiente de difusão (D_{eff}) em função da temperatura de hidratação.

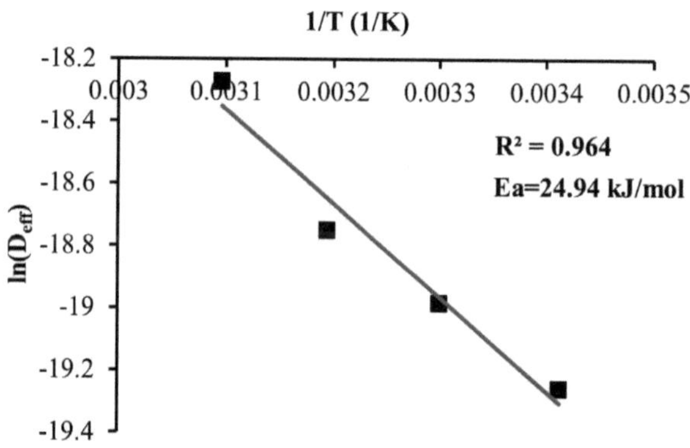

Fig. 4: Gráfico de Arrhenius da lei de difusão de Fick para determinar a energia de ativação do feijão mungo.

A Fig.: 4 mostra a energia de ativação mais baixa para o feijão mungo, o que pode ser devido à ligação solta dentro da composição do feijão mungo que permite que a água flua facilmente através das sementes. Uma vez que a energia de ativação é positiva, isto significa que o feijão mungo ganha energia durante a hidratação. Esta pode ser a energia que leva ao aumento da taxa de hidratação durante a demolha a temperaturas mais elevadas.

4.2.2 Modelação matemática e adaptação

Os dados obtidos a partir da cinética de absorção de água foram ajustados a diferentes modelos, incluindo o modelo Page-1 modificado, o modelo Page, o modelo Lewis, Henderson e Pabis, Verma, e Balbay e Sahin. R^2($\chi^{(2)}$Os diferentes valores dos parâmetros para os diferentes modelos foram estimados através da adaptação dos dados experimentais a cada modelo (ver Quadro 4), e a eficiência dos modelos foi calculada como o coeficiente de determinação ( ), o qui-quadrado) e o RMSE. O modelo mais adequado é o que apresenta o menor RMSE (Doymaz, 2004) e qui-quadrado (Palipane e Driscoll, 1994) e o maior coeficiente de determinação (Palipane e Driscoll, 1994). R^2**A Tabela 5** mostra que o modelo de Balbay e Sahin se ajusta melhor, pois tem os valores mais altos e os valores mais baixos de qui-quadrado. Page e Modified Page 1 também têm uma eficiência de quase 99%, semelhante à de Balbay e Sahin. Assim, os três modelos foram capazes de descrever a natureza da absorção de água para temperaturas de hidratação de 20° a 50°C. A Fig. 2 mostra o teor de humidade experimental e previsto em função do tempo para o modelo de Balbay e Sahin. A taxa na qual a taxa de humidade se aproxima de zero com o tempo aumenta com o aumento da temperatura. A composição da semente, a estrutura da parede celular, a permeabilidade da casca e a densidade da semente afectam a absorção de água nos grãos alimentares.

Quadro 4: Estimativa dos parâmetros de diferentes modelos em função da temperatura de hidratação do feijão mungo.

	20°	30°	40°	50°
Modelo lateral				
k	1.18E-04	2.74E-04	4.49E-04	0.00327
n	1.79058	2.11353	1.64046	1.38055
Modelo de Lewis				
k	0.00644	0.00713	0.00966	0.0167
Henderson e Pabis				
a	0.9856	0.97742	0.97043	1.00318
k	9.01E-05	1.54E-04	2.79E-04	0.00337
n	1.84065	2.22246	1.73219	1.37428
Página 1 alterada				
k	0.00641	0.00694	0.0091	0.01585
n	1.79762	2.1247	1.64902	1.3785
Verma				
a	1.24526	1.30579	1.23654	1.23831
k	0.00807	0.00918	0.0117	0.02022
g	19.1268	18.8804	15.8051	0.02022
Balbay e Sahin				
a	-0.01287	0.02266	0.01714	-0.00452
k	1.19E-04	1.54E-04	3.28E-04	0.00342
n	1.77676	2.22273	1.69411	1.37023
b	-0.02389	7.36E-05	-0.01	-0.00103

Quadro 5: Valores estimados dos parâmetros utilizados para avaliar o modelo de melhor ajuste.

R^2				
	20°C	**30°C**	**40°C**	**50°C**
Modelo lateral	0.99868	0.99847	0.99413	0.99911
Modelo de Lewis	0.91492	0.88493	0.94089	0.98041
Modelo de Henderson e Pabis	0.99895	0.99201	0.99187	0.99212
Página alterada I	0.99869	0.99848	0.99414	0.99911
Verma	0.95644	0.93462	0.96529	0.99532
Balbey e Sahin	0.99909	0.99901	0.99499	0.99912

$\chi 2$				
	20°C	**30°C**	**40°C**	**50°C**
Modelo de página	1.62E-04	2.19E-04	7.46E-04	9.14E-05
Modelo de Lewis	0.00994	0.01571	0.00714	0.00191
Modelo de Henderson e Pabis	1.36E-04	1.50E-04	6.88E-04	9.55E-05
Página alterada I	1.62E-04	2.19E-04	7.45E-04	9.13E-05
Verma	0.00509	0.00893	0.00419	4.55E-04
Balbey e Sahin	1.25E-04	1.59E-04	7.12E-04	1.01E-04

RMSE

	20°C	30°C	40°C	50°C
Modelo de página	0.01273	0.01482	0.02731	0.00956
Modelo de Lewis	0.0997	0.12535	0.08448	0.04366
Modelo de Henderson e Pabis	0.01165	0.01224	0.02622	0.00977
Página alterada I	0.01272	0.01479	0.0273	0.00956
Verma	0.07134	0.09449	0.06474	0.02133
Balbey e Sahin	0.0112	0.0126	0.02668	0.01003

4.3 Influência da germinação nas propriedades físico-químicas da farinha e das sementes de feijão mungo

4.3.1 Propriedades físicas dos grãos de malte em comparação com as sementes secas germinadas durante 0 h

O quadro 6 apresenta as propriedades físicas das sementes de feijão mungo maltratadas. Em comparação com as sementes secas imediatamente após a demolha (0 h), os valores de todas as propriedades físicas diminuíram nas sementes maltadas. O comprimento, a largura e a espessura diminuíram com a duração da maltagem, uma vez que as sementes absorveram mais humidade durante a germinação do que durante a demolha, pelo que as sementes maltadas perderam mais água durante a secagem, resultando num maior encolhimento; os resultados são consistentes com (Makeri *et al.,* 2013). A diminuição das três dimensões é a causa da diminuição do Dg e do volume das sementes de malte. A diminuição da esfericidade pode dever-se à perda de estrutura devido ao encolhimento durante a secagem do grão de malte. Como sabemos, o grão de malte nativo tem uma esfericidade de 80%, pelo que tanto a perda como o aumento da humidade conduzem a uma redução da esfericidade do grão de malte. A densidade aparente e a densidade real diminuem em relação às sementes secas durante 0 h, o que pode dever-se a um aumento do volume aparente em relação ao peso das sementes. No entanto, à medida que o tempo de maltagem aumenta, a densidade aparente e a densidade real aumentam, o que se deve à redução do volume das sementes, resultando em menos espaços vazios entre as sementes, o que, por sua vez, reduz o volume aparente em comparação com a massa. A porosidade diminui à medida que a distância entre a densidade real e a densidade aparente diminui. O peso de 1000 grãos diminuiu, o que pode ser devido a uma maior perda de água durante a secagem dos grãos de malte, uma vez que a germinação leva a um aumento do teor de humidade nos grãos.

Quadro 6: Propriedades físicas dos grãos de malte em comparação com as sementes secas germinadas durante 0 h

Propriedades	**0 h**	**48 h**	**72 h**
Comprimento (L)	5.52 ± 0.44^a	5.11 ± 0.37^b	5.45 ± 0.42^b
Largura (W)	3.81 ± 0.37^a	3.09 ± 0.17^b	3.00 ± 0.29^c
Espessura (T)	3.69 ± 0.33^a	2.97 ± 0.21^b	2.88 ± 0.27^b
Diâmetro médio (Dg)	4.26 ± 0.11^a	3.60 ± 0.22^b	3.61 ± 0.44^b
Superfície (SA	57.12 ± 0.32^a	40.83 ± 0.2^b	40.94 ± 0.36^b
Volume (V)	40.61 ± 0.48^a	24.54 ± 0.18^c	24.64 ± 0.57^b
Esfericidade (ϕ)	77.27 ± 2.14^a	70.57 ± 0.48^b	66.25 ± 1.27^c
Densidade aparente ($\rho_{(b)}$)	0.634 ± 0.23^a	0.36 ± 0.41^c	0.39 ± 0.26^b

Densidade real (ρ_t)	2.68±0.43^{a}	1.25±0.32^{c}	1.34±0.34^{b}
Porosidade (ε)	76.49±0.47^{a}	71.20±0.37^{b}	70.89±0.41^{c}
Peso de 1000 grãos	38.97±0.41^{a}	36.04±0.17^{b}	32.18±0.31^{c}

± Os resultados sªo apresentados como o desvio padrªo mØdio. Valores médios com letras sobrescritas diferentes dentro da mesma linha diferem significativamente (P<0,05).

Quadro 7: Composição aproximada da farinha de feijão mungo maltado.

Amostra	**MC (%)**	**Proteína (%)**	**Fibras (%)**	**Cinzas (%)**	**Gordura (%)**	**Hidratos de carbono (%)**
Bruto	9.70±0.02^{d}	±23.95 0.02^{c}	4.00±0.04^{c}	3.89±0.03^{a}	1.26±0.04^{a}	57.20±0.06^{a}
0 h	10.23±0.04^{c}	±23.40 0.03^{d}	3.80±0.03^{d}	3.49±0.04^{c}	1.20±0.02^{a}	60.38±0.10^{a}
48 h	10.68±0.02^{b}	±24.21 0.04^{b}	4.29±0.02^{b}	3.69±0.06^{b}	1.11±0.02^{b}	58.02±0.12^{a}
72 h	10.93±0.04^{a}	±26.13 0.05^{a}	7.20±0.03^{a}	3.69±0.08^{b}	0.90±0.08^{c}	51.15±0.21^{b}

Os resultados sªo apresentados como mØdia ± desvio padrªo. Valores médios com diferentes letras sobrescritas dentro da mesma linha diferem significativamente (P<0,05).

4.3.2 Efeito da germinação na composição proximal da farinha mungo

O teor de humidade aumentou com o tempo de germinação, enquanto que não se observaram alterações significativas durante a demolha.

Após a demolha, observou-se uma diminuição mínima do teor de proteínas, enquanto o teor de proteínas aumentou significativamente com o tempo de germinação. Em contraste com a demolha, a germinação levou a um aumento do teor de fibras do feijão mungo. Os hidratos de carbono e a gordura perderam-se com o período de germinação. Devido à perda de uma certa proporção durante a demolha, os hidratos de carbono parecem aumentar. A composição relativa do feijão cru, 0 h, 48 h e 72 h é apresentada no **Quadro 7**. A germinação envolve a reativação do metabolismo, resultando num aumento do número de células. O aumento do consumo de água das sementes com o tempo depende do número de células a serem hidratadas na semente (Nonogaki *et al.* 2010), o que poderia ser a razão para o aumento do teor de humidade durante a germinação. Os resultados foram semelhantes aos de (Kavitha *et. al.,* 2014; Elobuike *et. al.,* 2021). A redução do teor de proteínas após a demolha pode dever-se à imersão do azoto solúvel na água. O aumento observado no teor de proteínas durante a germinação foi hipotetizado como sendo devido à síntese de proteínas enzimáticas ou poderia ser devido à utilização de gordura e hidratos de carbono durante a germinação e à síntese de novas proteínas (Zheng e Qu, 2011). Os resultados foram semelhantes aos de Syed *et al.* (2011). O aumento da fibra bruta da farinha é confirmado por Shah *et al.* (2011) e Devi *et al.* (2015), Chavan e Kadam (1989). A perda do teor de cinzas durante a demolha pode ser uma causa da lixiviação na água de demolha. A germinação não tem um efeito significativo no teor de cinzas e o valor médio é inferior ao do feijão-mungo nativo. Observou-se um aumento gradual do teor de fibras no grão de malte de 72 horas; um aumento geral do teor de fibras durante a germinação pode dever-se à síntese de hidratos de carbono estruturais, incluindo a celulose e a hemicelulose. Também foi observado um aumento do teor de fibras noutros cereais, incluindo Jimenez *et al.* (1985) para a soja. A perda de hidratos de carbono no grão de malte pode dever-se à sua utilização como fonte de energia durante a germinação. (Uppal e Bains, 2011), o menor teor energético dos grãos germinados deve-se à menor quantidade de gordura e hidratos de carbono. A germinação leva a várias alterações na composição proximal, mas estas alterações são enganadoras para o perfil de nutrientes, uma vez que se relacionam com a forma dormente das sementes. Por conseguinte, estas alterações dependem das condições de transformação e devem ser tidas em conta durante a germinação para reconhecer os efeitos.

4.3.3 Efeito da germinação nas propriedades antioxidantes da farinha de feijão mungo maltado

A Tabela 8 mostra o conteúdo de TPC (conteúdo fenólico total), TFC (conteúdo de flavonóides totais) e AA (atividade antioxidante) para sementes maltadas durante 0 h, 48 h e 72 h. Foi observado um aumento nas três áreas. Orozco *et al.* (2008) e Wongsiri *et al.* (2014) também mostram que o conteúdo de TPC aumentou durante a germinação. Um aumento no TPC é o resultado da biossíntese fenólica durante a germinação como um fator de proteção. O aumento da atividade DPPH é o resultado do aumento do teor de TPC durante a germinação Kim *et al.* (2012). A imersão reduziu significativamente o teor de polifenóis. A razão para esta redução é a libertação para a água de imersão.

4.3.4 Influência da maltagem nas propriedades funcionais da farinha de feijão mungo maltada :

Foram registados os resultados da capacidade de absorção de água (CAA), capacidade de absorção de óleo (CAO), capacidade de inchamento e solubilidade da farinha de feijão mungo com malte (Quadro 9). A CRA, a CAO e a solubilidade aumentaram após a germinação, enquanto a capacidade de inchamento diminuiu. O teor de proteínas tem uma grande influência na capacidade de WAC e OAC das farinhas. As proteínas têm propriedades duplas, hidrofílicas e hidrofóbicas, para interagir com a água e os óleos nos alimentos. A proteína desnaturada após a germinação levou a um aumento da acessibilidade da proteína lipofílica, resultando na ligação às cadeias laterais de hidrocarbonetos dos óleos e, por conseguinte, no aumento da CCA (Elkhalifa e Bernhardt 2010). A redução da capacidade de inchamento durante a germinação pode dever-se à dextrinização do amido. Um aumento na CMA durante a germinação pode ser devido à degradação dos polissacáridos e ao aumento das proteínas durante a germinação. A solubilidade representa a presença de moléculas solúveis. Os resultados são baseados em Liu et al. (2018).

Tabela 8: Efeitos da germinação no TPC, TFC e AA da farinha de malte.

Amostra	TPC (mg GAE/100 g de farinha seca)	TFC (mg QE/100g de farinha seca)	AA (% DPPH)
Bruto	24.27 ± 0.1^{c}	10.61 ± 0.05^{c}	31.16 ± 0.72^{c}
0 h	13.73 ± 0.34^{d}	8.80 ± 0.45^{d}	24.61 ± 0.51^{d}
48 h	35.009 ± 0.45^{b}	16.99 ± 0.55^{b}	44.52 ± 0.56^{b}
72 h	55.34 ± 0.55^{a}	28.89 ± 0.71^{a}	59.43 ± 0.28^{a}

Os resultados sªo apresentados como mØdia ± desvio padrªo. Valores médios com letras sobrescritas diferentes dentro da mesma linha diferem significativamente (P<0,05).

Tabela 9: Efeitos da germinação nas propriedades funcionais da farinha de malte

Amostra	CMA (g/g)	OAC(g/g)	SP (g/g)	Solubilidade (%)
Bruto	1.81 ± 0.1^{b}	1.12 ± 0.02^{c}	2.24 ± 0.02^{b}	15 ± 0.24^{c}
0 h	1.54 ± 0.02^{c}	1.02 ± 0.01^{d}	2.30 ± 0.01^{a}	13 ± 0.20^{d}
48 h	1.54 ± 0.01^{c}	1.28 ± 0.01^{b}	2.00 ± 0.01^{c}	17 ± 0.26^{b}
72 h	1.96 ± 0.03^{a}	1.83 ± 0.2^{a}	1.63 ± 0.02^{d}	19 ± 0.27^{a}

* Os resultados sªo apresentados como mØdia ± desvio padrªo. Valores médios com letras sobrescritas diferentes dentro da mesma linha diferem significativamente (P<0,05).

4.3.5 Efeito da maltagem nas fracções proteicas da farinha de feijão mungo :

As fracções proteicas (albumina, globulina, prolamina e glutenina) do feijão mungo foram isoladas com êxito por fracionamento Osborne. A percentagem de rendimento das fracções proteicas é apresentada no quadro (10). A globulina e a albumina são as fracções mais importantes no feijão mungo cru e diminuem gradualmente com a germinação. O rendimento da glutenina aumenta significativamente com o aumento da germinação. O rendimento total aumentou com a germinação após 72 horas, mas foi inferior ao da farinha de tungue crua. O quadro (11) mostra a percentagem de proteínas totais no feijão mungo. O aumento do rendimento durante a germinação pode ser o resultado do aumento da solubilidade das proteínas com o aumento do tempo de germinação. Akaerue *et. al* (2010) também referiram que a germinação leva a um aumento do rendimento das fracções proteicas. Os resultados são semelhantes aos de Kaur e Prasad (2022).

Fig. 5: Fracções proteicas do feijão mungo

Quadro 10: Rendimento (%) das fracções proteicas da farinha de feijão mungo.

Amostra	Albumina	Globulina	Prolamina	Globulina
Bruto	8.9±0.05^{b}	9.3±0.19^{a}	7.3±0.11^{c}	4.0±0.15^{d}
48 h	1.1±0.10^{c}	1.4±0.09^{c}	2.5±0.06^{b}	5.2±0.18^{a}
72 h	1.06±0.18^{c}	0.4±0.11^{d}	3.8±0.08^{b}	5.8±0.04^{a}

Os resultados s^{a}o apresentados como mØdia ± desvio padr^{a}o. Valores médios com letras sobrescritas diferentes dentro da mesma linha diferem significativamente (P<0,05).

Quadro 11: Percentagem das fracções individuais na proteína total do feijão-mungo.

Amostra	Albumina	Globulina	Prolamina	Glutenina
Bruto	11.65±0.32^{b}	12.21±0.57^{a}	9.60±0.49^{c}	5.21±0.76^{d}
48 h	1.43±0.16^{c}	1.82±0.36^{c}	3.34±0.031^{b}	6.82±0.55^{a}
72 h	1.39±0.68^{c}	0.60±0.95^{d}	5.00±0.36^{b}	7.60±0.06^{a}

Os resultados s^{a}o apresentados como mØdia ± desvio padr^{a}o. Valores médios com diferentes letras sobrescritas dentro da mesma linha diferem significativamente (P<0,05).

Quadro 12: Cristalinidade da farinha de feijão mungo crua e germinada

Amostra	Cristalinidade (%)
Bruto	68.79

0 h	47.1
48 h	63.90
72 h	46.03

4.3.6 Efeito do acasalamento nas caraterísticas morfológicas (análise SEM)

(a) (b)

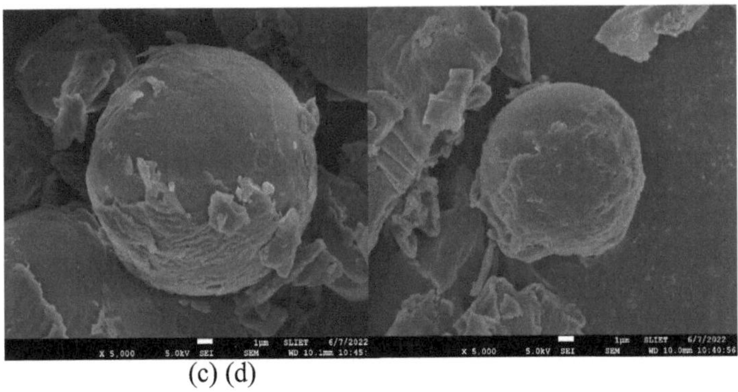

(c) (d)

Fig. 6: Efeitos da germinação nas propriedades morfológicas da farinha de feijão mungo a 5000x (a) crua (b) 0 h (c) 48 h (d) 72 h.

As micrografias electrónicas de varrimento **(Fig. 6)** mostram as alterações morfológicas durante o processo de germinação, em que as moléculas ovais estão cobertas com proteínas e as fibras com amido. A estrutura do amido não se alterou durante a germinação, mas a superfície mostra claramente a atividade enzimática hidrolítica durante a germinação como o aparecimento de mossas na superfície lisa **(Fig. 5 (b, c, d))**, representando superfícies rugosas com o aumento do tempo de germinação. **A Fig. 5 (c, d)** mostra camadas coaguladas na superfície do amido, o que pode ser devido ao aumento da atividade proteolítica durante a germinação, sendo também observadas fissuras na superfície. Resultados semelhantes foram registados por Atudorei *et al.* (2021) e Kaur *et al.* (2022) após a germinação de grão-de-bico, feijão e lentilha.

4.3.7 Influência da maltagem no padrão XRD

O amido de feijão mungo nativo tem um padrão típico do tipo C caracterizado pelos picos a 15°, 17° e 23°. **A Fig. 7 (a)** mostra o padrão XRD para feijão mungo cru e feijão mungo germinado durante 0 h, 48 h e 72 h. Verificou-se que a cristalinidade aumenta durante as primeiras 48 h e depois diminui gradualmente. O amido amorfo hidrolisado durante as primeiras 48 h pode ser a razão para o aumento da cristalinidade, uma vez que o rácio do valor total diminui e, quando chega à região cristalina, hidrolisa gradualmente, resultando na destruição incompleta da estrutura microcristalina, o que, por sua vez, reduz a cristalinidade (Liu *et al.,* 2020). A Tabela 12 mostra a percentagem de cristalinidade das amostras. Não foi observada qualquer alteração no padrão de tipo C da farinha de feijão mungo após a germinação, apenas a intensidade dos picos diminuiu durante o processo. Os resultados são semelhantes aos de Kaur *et al.* (2022) e Xu *et al.* (2019).

4.3.8 Influência da maltagem nos espectros FTIR

A Fig. 7 (b) mostra os efeitos da germinação nos espectros FTIR da farinha de feijão mungo. Não foram observadas alterações nos espectros. O efeito da germinação nas intensidades dos picos pode ser visto como uma diminuição durante a germinação, o que pode ser devido a uma menor cristalinidade durante a germinação (Kaur e Prasad 2022). cm^{-1}A gama de grupos funcionais (3200-3500 ()) mostra a presença de grupos O-H que representam a água, os ácidos carboxílicos e os álcoois. cm^{-1}1680-1620 representa o (C=C) associado ao estiramento de alquenilo. cm^{-1}A região de impressão digital a 992 (O-H) representa o grupo carboxilo. Todos os picos desapareceram após a germinação, tanto na região da impressão digital como na região do grupo funcional.

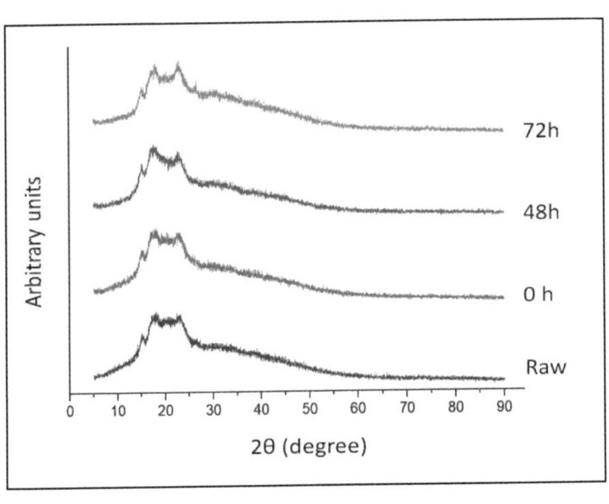

(a)

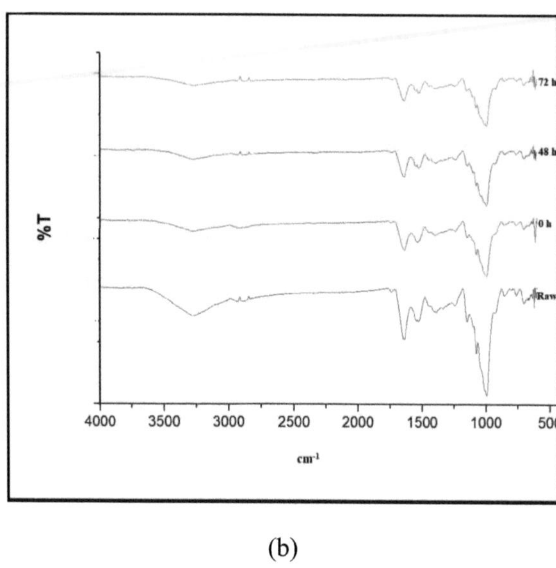

(b)

Fig. 7: (a) Padrão XRD (b) Espectros FTIR da farinha de feijão mungo.

4.3.9 Influência da maltagem nas propriedades térmicas

O termograma para o controlo e a farinha de feijão mungo germinada foi preparado na gama de temperaturas de 20-150 °C. Foi observado um aumento de T_c durante as primeiras 48 horas, após o que se registou uma diminuição. Liu *et. al* (2020) também registaram um aumento de T_c durante as primeiras 24 horas e uma diminuição subsequente com o aumento do tempo de germinação até 72 horas para o amido de feijão mungo. O ΔH diminuiu durante a germinação. Verificou-se que a temperatura de pico aumentou com a duração da germinação. Maldonado *et al.* (2016) descrevem que T_o, T_p, T_c descrevem a estabilidade da estrutura cristalina do amido, enquanto ΔH mede a quantidade de cristais. Uma diminuição de ΔH pode ser associada a uma diminuição do grau de ordem do amido. A diminuição de T_c durante a nucleação representa a redução da estabilidade da estrutura cristalina Huang *et al.* (2016). A Tabela 13 mostra as propriedades térmicas da farinha de malte.

Quadro 13: Influência da germinação nas propriedades térmicas da farinha de feijão mungo.

Amostra	**Temperatura inicial (T_o)**	**Temperatura de pico (T_p)**	**Temp. final (T_c)**	**Variação da entalpia (ΔH)**
Bruto	39.23	81.61	123.05	146.43
0 h	52.00	84.13	115.80	105.53
48 h	42.15	80.47	125.61	75.63
72 h	41.98	84.29	118.91	36.56

CAPÍTULO 5
CONCLUSÃO E RESUMO

O feijão-mungo (*Vigna radiate*) parece ser uma fonte importante de proteínas (23,95%) e de fibras (4,00%). A demolha e a germinação melhoraram o teor de proteínas, enquanto o teor de gordura diminuiu ligeiramente. A demolha tem um efeito direto na taxa de absorção de água; à medida que a temperatura aumenta, a taxa de hidratação também aumenta. O teor de humidade do feijão mungo durante o período de demolha foi previsto com sucesso utilizando os modelos de Balbay e Sahin. O aumento gradual do teor de humidade do feijão mungo na fase inicial da demolha abrandou nas fases posteriores e manteve-se constante ao longo do tempo. A difusividade do feijão mungo foi significativamente afetada pela temperatura e estava diretamente relacionada com a temperatura.

O processo de maltagem teve um efeito significativo na composição proximal e resultou num aumento do teor de humidade (9,70-10,93%), teor de proteína (23,95-26,13%) e fibra bruta (4,00-7,20%), enquanto o teor de gordura (1,26-0,90%) e hidratos de carbono (57,20-51,15%) diminuiu. Verificou-se que as propriedades antioxidantes do feijão mungo aumentam após a maltagem, com a farinha moída após 72 h a apresentar o mais elevado TPC (55,34 mg GAE/100 g de farinha seca) e atividade antioxidante (59,43% DPPH).

As propriedades funcionais da farinha de feijão-mungo crua foram significativamente afectadas após a maltagem. Observou-se um aumento significativo no WAC (1,81 - 1,96 g/g), OAC (1,12 - 1,83 g/g) e índice de solubilidade (15 - 19 %), enquanto o poder de inchamento diminuiu de (2,24 - 1,63) g/g.

A maltagem influenciou significativamente o rendimento das fracções proteicas. As principais fracções proteicas no feijão mungo cru eram a globulina e a albumina, enquanto a glutenina era a principal fração na farinha maltada. A percentagem de fracções proteicas totais no feijão mungo cru era de 29% e diminuiu para 11% após 72 horas de germinação.

O efeito da germinação na microestrutura da farinha de feijão mungo foi analisado utilizando SEM e verificou-se que a germinação não teve qualquer efeito na estrutura das moléculas de amido (forma oval). A cristalinidade da farinha de feijão mungo foi analisada utilizando um padrão XRD, que mostrou um aumento da cristalinidade durante as primeiras 48 horas e depois uma diminuição gradual da cristalinidade. As intensidades dos picos diminuíram ao longo do processo de germinação e não foi observada qualquer alteração no padrão de XRD. Os espectros FTIR do feijão mungo mostraram uma intensidade de pico desvanecida após a germinação, e não houve alteração nos constituintes químicos. Os efeitos nas propriedades térmicas durante a germinação resultaram numa menor alteração da entalpia e da temperatura final.

REFERÊNCIA

1. Abbas, M., & Shah, H. U. (2007). Composição proximal e mineral do feijão-mungo. *Sarhad Journal of Agriculture (Paquistão), 23*(2), 463-466.
2. Akaerue, B. I., & Onwuka, G. I. (2010). Avaliação do rendimento, teor proteico e propriedades funcionais dos isolados proteicos de feijão-mungo [Vigna radiata (L.) Wilczek] influenciados pelo processamento. *Jornal de Nutrição do Paquistão, 9*(8), 728-735.
3. Altuntas, E., & Demirtola, H. (2007). Efeito do teor de humidade nas propriedades físicas de algumas sementes de leguminosas para grão. *New Zealand Journal of Crop and Horticultural Science, 35*(4), 423-433.
4. Atudorei, D., Stroe, S. G., & Codină, G. G. (2021). Efeitos da germinação nas propriedades microestruturais e físico-químicas de diferentes espécies de leguminosas. *Plantas, 10*(3), 592.
5. Banusha, S., & Vasantharuba, S. (2013). Efeito da maltagem no teor de nutrientes do milheto e do feijão mungo. *American-Eurasian Journal of Agriculture and Environmental Science, 13*(12), 1642-1646.
6. Baranwal, D. (2017). Maltagem: uma tecnologia indígena para melhorar a qualidade nutricional dos cereais: uma visão geral. *Asian J. Dairy Food Res, 36*(3), 179-183.
7. Bello, M., Tolaba, M. P., Aguerre, R. J., & Suarez, C. (2010). Modelação da absorção de água num grão de cereal durante a demolha. *Journal of Food Engineering, 97*(1), 95-100.
8. Blessing, I. A., & Gregory, I. O. (2010). Efeito do processamento na composição proximal das farinhas de feijão-mungo

descascadas e não descascadas [Vigna radiata (L.) Wilczek]. *Jornal de Nutrição do Paquistão*, *9*(10), 1006-1016.

9. Brand-Williams, W., Cuvelier, M. E., & Berset, C. L. W. T. (1995). Utilização de um método de radicais livres para avaliar a atividade antioxidante. *LWT Food Science and Technology*, *28*(1), 25-30.
10. Cevallos-Casals, B. A., & Cisneros-Zevallos, L. (2010). Efeitos da germinação no conteúdo fenólico e na atividade antioxidante de 13 espécies de sementes comestíveis. *Food Chemistry*, *119*(4), 1485-1490.
11. Cho, S. Y., Lee, Y. N., & Park, H. J. (2009). Otimização da extração com etanol e posterior purificação de isoflavonas de cotilédones de rebentos de soja. *Food Chemistry*, *117*(2), 312-317.
12. Chutipanyaporn, P., Kruawan, K., Chupeerach, C., Santivarangkna, C., & Suttisansanee, U. (2014). O efeito do processo de cozimento nas atividades antioxidantes e compostos fenólicos totais de cinco feijões coloridos. *Food and Applied Bioscience Journal*, *2*(3), 183-191.
13. Dahiya, P. K., Linnemann, A. R., Van Boekel, M. A. J. S., Khetarpaul, N., Grewal, R. B., & Nout, M. J. R. (2015). Feijão mungo: potencial tecnológico e nutricional. *Critical reviews in food science and nutrition*, *55*(5), 670-688.
14. Dattatray, T. R., Monica, O., Babu, A. S., & Jaganmohan, R. (2019). Efeito do tempo de imersão nas propriedades de germinação e reológicas da grama verde. *Revista Internacional de Biociência Pura e Aplicada*, *7*(3), 181-188.

15. Deraz, S. F., & Khalil, A. A. (2008). Estratégias para melhorar a qualidade das proteínas e reduzir os factores nutricionais deletérios no feijão-mungo. *Food, 2*, 25-38.

16. Desalegn, B. B. (2015). Efeitos da demolha e germinação na composição proximal, biodisponibilidade mineral e propriedades funcionais da farinha de grão-de-bico. *Alimentação e Saúde Pública, 5*(4), 108-113.

17. Ebert, A. W., Chang, C. H., Yan, M. R., & Yang, R. Y. (2017). Composição de nutrientes de brotos de feijão mungo e soja em comparação com seu estágio de crescimento adulto. *Food Chemistry, 237*, 15-22.

18. Elobuike, C. S., Idowu, M. A., Adeola, A. A., & Bakare, H. A. (2021). Atributos nutricionais e funcionais da farinha de feijão mungo (Vigna radiata [L] Wilczek) conforme afetados pelo tempo de germinação. *Legume Science, 3*(4), e100.

19. El-Safy, F., & Salem, R. (2013). O efeito da imersão e germinação na composição química, frações de carboidratos, digestibilidade, fatores antinutricionais e conteúdo mineral de algumas leguminosas e sementes de cereais. *Alexandria Science Exchange Journal, 34*(outubro-dezembro), 499-513.

20. Feldsine, P., Abeyta, C., & Andrews, W. H. (2002). Diretrizes do comitê de métodos da AOAC International para a validação de métodos oficiais de análise microbiológica qualitativa e quantitativa de alimentos. *Journal of AOAC International, 85*(5), 1187-1200.

21. Ganesan, K., & Xu, B. (2018). Uma revisão crítica sobre o perfil fitoquímico e os efeitos promotores da saúde do feijão mungo (Vigna radiata). *Ciência dos Alimentos e Bem-Estar Humano, 7*(1), 11-33.

22. Girma Tura, A., & Abera, S. (2020). Investigação de algumas propriedades físicas e funcionais de grãos maltados de cevada Temash (Hordeum Vulgare L.) e sua farinha. *Cogent Food & Agriculture*, *6*(1), 1855841.
23. Hou, D., Yousaf, L., Xue, Y., Hu, J., Wu, J., Hu, X., ... & Shen, Q. (2019). Feijão mungo (Vigna radiata L.): polifenóis bioativos, polissacarídeos, peptídeos e benefícios para a saúde. *Nutrientes*, *11*(6), 1238.
24. Huang, X., Cai, W., & Xu, B. (2014). Mudanças cinéticas de nutrientes e capacidades antioxidantes de soja germinada (Glycine max L.) e feijão mungo (Vigna radiata L.) com o tempo de germinação. *Food Chemistry*, *143*, 268-276.
25. Huma, N., Anjum, M., Sehar, S., Khan, M. I., & Hussain, S. (2008). Effects of soaking and cooking on the nutritional quality and safety of pulses (Efeitos da demolha e da cozedura na qualidade nutricional e segurança das leguminosas). *Nutrition & Food Science, 38*(6), 570-577.
26. Inyang, U. E., Oboh, I. O., & Etuk, B. R. (2018). Modelos cinéticos para técnicas de secagem - materiais alimentares. *Avanços em Engenharia Química e Ciência*, *8*(02), 27.
27. Jideani, V. A., & Mpotokwana, S. M. (2009). Modelação da absorção de água das variedades Bambara do Botsuana utilizando a equação de Peleg. *Jornal de Tecnologia Alimentar*, *92*(2), 182-188.
28. Kaleemullah, S., & Gunasekar, J. J. (2002). Tecnologia PH-Nucleada: Propriedades físicas dependentes da humidade dos grãos de arecanut. *Biosystems engineering*, *82*(3), 331-338.

29. Kaleemullah, S., & Gunasekar, J. J. (2002). Tecnologia PH-Nucleada: Propriedades físicas dependentes da humidade dos grãos de arecanut. *Biosystems engineering*, *82*(3), 331-338.

30. Kaur, R., & Prasad, K. (2022). Effects of malting and roasting of chickpea on the functional and nutritional properties of its protein fractions (Efeitos da maltagem e torrefação do grão-de-bico nas propriedades funcionais e nutricionais das suas fracções proteicas). *Jornal Internacional de Ciência e Tecnologia Alimentar, 57*(7), 3990-4000

31. Kaur, R., & Prasad, K. (2022). Investigation of chickpea hydration, effect of soaking temperature and extent of germination on malt flour properties (Investigação da hidratação do grão-de-bico, efeito da temperatura de demolha e extensão da germinação nas propriedades da farinha de malte). *Journal of Food Science*, *87*(5), 2197-2210.

32. Kusumah, S. H., Andoyo, R., & Rialita, T. (2020, fevereiro). Técnicas de isolamento de proteínas do feijão utilizando diferentes métodos: Uma revisão. Em *IOP Conference Series: Earth and Environmental Science*, *443*(1), 012053. IOP Publishing.

33. Liu, Y., Su, C., Saleh, A. S., Wu, H., Zhao, K., Zhang, G., ... & Li, W. (2020). Efeitos da duração da germinação nas propriedades estruturais e físico-químicas do amido de feijão mungo. *Jornal Internacional de Macromoléculas Biológicas*, *154*, 706-713.

34. Liu, Y., Xu, M., Wu, H., Jing, L., Gong, B., Gou, M., ... & Li, W. (2018). As propriedades composicionais, físico-químicas e funcionais da farinha de feijão mungo germinada e sua adição na qualidade do macarrão de farinha de trigo. *Jornal de ciência e tecnologia alimentar*, *55*(12), 5142-5152.

35.Makeri, M. U., Nkama, I., & Badau, M. H. (2013). Propriedades físico-químicas, de malteação e bioquímicas de algumas variedades melhoradas de cevada nigeriana e seus maltes. *International Food Research Journal*, *20*(4), 1563-1568.

36.Masood, T., Shah, H. U., & Zeb, A. (2014). Effect of sprouting time on proximate composition and ascorbic acid level of mung bean (Vigna radiate L.) and chickpea (Cicer arietinum L.) seeds. *JAPS: Journal of Animal & Plant Sciences*, *24*(3), 850-859.

37.McWatters, K. H., Chinnan, M. S., Phillips, R. D., Beuchat, L. R., Reid, L. B., & Mensa-Wilmot, Y. M. (2002). Propriedades funcionais, nutricionais, micológicas e formadoras de acara da farinha de feijão-frade armazenada. *Journal of Food Science*, *67*(6), 2229-2234.

38.Miano, A. C., & Augusto, P. E. D. (2018). A hidratação de grãos: Uma revisão crítica desde a descrição dos fenómenos até às melhorias do processo. *Revisões abrangentes em ciência dos alimentos e segurança alimentar*, *17*(2), 352-370.

39.Mohsenin, N. N. (2020). Propriedades físicas de materiais vegetais e animais: V. 1: Caraterísticas físicas e propriedades mecânicas. *Routledge.*

40.Montanuci, F. D., Ribani, M., de Matos Jorge, L. M., & Matos Jorge, R. M. (2017). Influência do tempo e temperatura de maceração no processo de malteação. *Journal of Food Process Engineering*, *40*(4), e12519.

41.Mubarak, A. E. (2005). Composição nutricional e factores antinutricionais das sementes de feijão-mungo (Phaseolus aureus) influenciados por algumas práticas domésticas tradicionais. *Food Chemistry*, *89*(4), 489-495.

42. Noor Aziah, A. A., Mohamad Noor, A. Y., & Ho, L. H. (2012). Propriedades físico-químicas e organolépticas de biscoitos feitos com farinha de leguminosas. *International Food Research Journal, 19*(4), 1539-1543.

43. Onwurafor, E. U., Uzodinma, E. O., Uchegbu, N. N., Ani, J. C., Umunnakwe, I. L., & Ziegler, G. (2020). Efeito dos tempos de maltagem na composição de nutrientes, teor de antinutrientes e propriedades de glúten da farinha de feijão mungo. *Agro-Science, 19*(1), 18-24.

44. Oo, Z. Z., Ko, T. L., & Than, S. S. (2017). Propriedades físico-químicas do concentrado proteico de feijão mungo extraído. *Revista americana de ciência e tecnologia alimentar, 5*(6), 265-269.

45. Orak, H. H., Karamac, M., Orak, A., Amarowicz, R., & Janiak, M. (2018). Conteúdo fenólico e capacidade antioxidante das sementes de feijão mungo (Vigna radiata L.). *Jornal da Universidade Yuzuncu Yil de Ciências Agrícolas, 28*(5), 199-207.

46. Palipane, K. B., & Driscoll, R. H. (1994). As caraterísticas de secagem em camada fina de nozes e amêndoas de macadâmia com casca. *Journal of Food Technology*, *23*(2), 129-144.

47. Plainsirichai, M., Khramsungnoen, C., & Krasaetep, J. (2021). Os brotos contêm fenólicos totais, flavonóides totais e atividade antioxidante mais elevados do que as sementes em diferentes variedades tailandesas de feijão mungo (Vigna Radiata L.). *Jornal de Ciência e Gestão da Sustentabilidade*, *16*(4), 12-20.

48. Prasad, K., Vairagar, P. R., & Bera, M. B. (2010). Cinética de hidratação dependente da temperatura de Cicer arietinum splits. *Food Research International*, *43*(2), 483-488.

49. Ratnawati, L., Desnilasari, D., Surahman, D. N., & Kumalasari, R. (2019, março). Avaliação das propriedades físico-químicas, funcionais e de colagem da farinha de soja, feijão mungo e feijão vermelho como ingrediente em biscoitos. Em *IOP Conference Series: Earth and Environmental Science, 251*(1), 199-207. IOP Publishing.

50. Sathe, S. K., Deshpande, S. S., & Salunkhe, D. K. (1982). Propriedades funcionais de proteínas e concentrados de proteínas de sementes de tremoço (Lupinus mutabilis). *Journal of Food Science*, *47*(2), 491-497.

51. Shafaei, S. M., Masoumi, A. A., & Roshan, H. (2016). Analisando a absorção de água de feijão e grão de bico durante a imersão usando o modelo Peleg. *Journal of the Saudi Society of Agricultural Sciences*, *15*(2), 135-144.

52. Sharanagat, V. S., Kansal, V., & Kumar, K. (2018). Modelando o efeito da temperatura na cinética de hidratação de grãos inteiros de moong. *Jornal da Sociedade Saudita de Ciências Agrícolas*, *17*(3), 268-274.

53. Shi, Z., Yao, Y., Zhu, Y., & Ren, G. (2016). Composição nutricional e atividade antioxidante de vinte cultivares de feijão mungo na China. *The Crop Journal*, *4*(5), 398-406.

54. Singleton, V. L., Orthofer, R., & Lamuela-Raventós, R. M. (1999). [14] Análise de fenóis totais e outros substratos de oxidação e antioxidantes usando o reagente Folin-Ciocalteu. Em *Methods in enzymology* (Vol. 299, pp. 152-178). Academic Press. Cambridge, Massachusetts, Estados Unidos.

55. Somta, P., & Srinives, P. (2007). Genómica de mungbean [Vigna radiata (L.) Wilczek] e blackgram [V. mungo (L.) Hepper]. *Science Asia*, *33*(1), 69-74.

56. Syed, A. S., Aurang, Z., Tariq, M., Nadia, N., Sayed, J. A., Muhammad, S., ... & Asim, M. (2011). Efeito do tempo de germinação nas propriedades bioquímicas e nutricionais das variedades de feijão-mungo. *Jornal Africano de Investigação Agrícola*, *6*(22), 5091-5098.
57. Tajoddin, M., Manohar, S., & Lalitha, J. (2014). Efeito da imersão e germinação no conteúdo de polifenóis e na atividade da polifenol oxidase de cultivares de feijão mungo (Phaseolus aureus L.) que diferem na cor das sementes. *Revista Internacional de Propriedades Alimentares*, *17*(4), 782-790.
58. Unal, H., Isık, E., Izli, N., & Tekin, Y. (2008). Propriedades geométricas e mecânicas do grão de feijão mungo (Vigna radiata L.): Efeito da humidade. *International Journal of Food Properties*, *11*(3), 585-599.
59. Wang, F., Huang, L., Yuan, X., Zhang, X., Guo, L., Xue, C., & Chen, X. (2021). Propriedades nutricionais, fitoquímicas e antioxidantes de 24 genótipos de feijão mungo (Vigna radiate L.). *Produção, Processamento e Nutrição de Alimentos*, *3*(1), 1-12.
60. Wongsiri, S., Ohshima, T., & Duangmal, K. (2015). Composição química, perfil de aminoácidos e atividades antioxidantes do feijão mungo germinado (V igna radiata). *Jornal de Processamento e Preservação de Alimentos*, *39*(6), 1956-1964.
61. Xu, M., Jin, Z., Simsek, S., Hall, C., Rao, J., & Chen, B. (2019). Efeito da germinação na composição química, propriedades térmicas, de colagem e de sorção de humidade das farinhas de grão-de-bico, lentilha e ervilha amarela. *Química Alimentar*, *295*, 579-587.

Printed by Books on Demand GmbH, Norderstedt / Germany